Bibliografische Information der Deutschen Nationalbibliothek:

Die Deutsche Bibliothek verzeichnet diese Publikation in der Deutschen National-
bibliografie; detaillierte bibliografische Daten sind im Internet über http://dnb.d-
nb.de/ abrufbar.

Impressum:

Copyright © 2009 GRIN Verlag, Open Publishing GmbH
Druck und Bindung: Books on Demand GmbH, Norderstedt Germany
ISBN: 9783640601417

Dieses Buch bei GRIN:

http://www.grin.com/de/e-book/149560/aufbau-und-entwicklung-der-tropischen-
regenwaelder

Julian Hofmann

Aufbau und Entwicklung der tropischen Regenwälder

GRIN Verlag

Institut für Geographie und Geoökologie

der Universität Karlsruhe (TH)

Hauptseminar: Tropen

Aufbau und Entwicklung der tropischen Regenwälder

Julian Hofmann

Fachsemester: 6

Studiengang: Geographie/ Deutsch (Lehramt)

SS 2009, Karlsruhe, den 3.06.2009

Inhaltsverzeichnis:

Abbildungsverzeichnis:

Abkürzungsverzeichnis:

FAO = Welternährungsorganisation der Vereinten Nationen

UNCED = Konferenz für Umwelt und Entwicklung der Vereinten Nationen

GEF = Die globale Umweltfazilität

WTO = Die Welthandelsorganisation

BMZ = Bundesministerium für Wirtschaftliche Zusammenarbeit und Entwicklung

GTZ = Gesellschaft für technische Zusammenarbeit

KfW = Kreditanstalt für Wiederaufbau

PPG7 = Internationales Pilotprogramm zur Erhaltung der Wälder Brasiliens

NRO = Nichtregierungsorganisation

DNR = Deutscher Naturschutzring

1.Vorwort

„Die Wälder gehen den Menschen voran, die Wüsten folgen ihnen.“
(Chateaubriand)

Vernehmen wir den Begriff Regenwald, so assoziieren wir damit meist die Schönheit der Natur, wie sie innerhalb der Tropen anzutreffen ist. Sei es die Artenvielfalt der Tier- und Pflanzenwelt, die Unberührtheit der Vegetation, oder die zahlreichen Mythen und Legenden, welche vom Regenwald handeln, die uns beeindrucken und immer wieder faszinieren. Zudem ist den meisten Menschen mittlerweile auch die Funktion der Ökosysteme, welche sich in Form eines breiten Gürtels zu beiden Seiten des Äquators hinziehen, durchaus bewusst.

Ungeachtet dessen ist es der Mensch, der innerhalb der Geschichte, die größte je vorhandene Bedrohung für die tropischen Wälder darstellt. Betrachten wir uns das einleitende Zitat des französischen Schriftstellers und Politikers Chateaubriand, so werden wir zugeben müssen, dass dessen Inhalt weit mehr als nur einen Funken Wahrheit enthält. Der Umgang der Menschheit mit den Regenwäldern könnte als Abbild der heutigen Gesellschaften herangezogen werden, innerhalb denen, Ideale wie Menschenrechte, Humanismus, sowie die Achtung von Lebensformen aller Art zwar als Richtlinien existieren, jedoch häufig nicht umgesetzt werden. Die Gier nach Macht und Profit überwiegt oftmals die Vernunft und den Gedanken an die zukünftigen Auswirkungen der jeweiligen Handlung.

Die folgende wissenschaftliche Arbeit soll dem Leser zunächst einen Überblick über den Aufbau, die Entstehungsgeschichte und die aktuelle Situation der Regenwälder vermitteln. Des Weiteren wird der Rückgang der tropischen Wälder, ebenso die zusammenhängenden Problematiken und zukünftig zu erwartenden Auswirkungen näher betrachtet. Dem Leser ist es selbst überlassen sich eine eigene Meinung sowohl über den Stellenwert als auch über die Brisanz des Themas zu bilden.

Er soll abschließend eigenständig urteilen, ob die globalen Folgen, welche der Regenwaldverlust, nach Meinung einiger Forscher und Umweltschützer, mit sich bringen soll, der Realität entsprechen und ernst zu nehmen sind oder nur als allgemeine Panikmache eingestuft werden sollten und die Relevanz des Regenwaldes doch deutlich überbewertet wird.

2. Unterschiedliche Waldformen

„Habt Ehrfurcht vor dem Baum, er ist ein einziges großes Wunder, und euren Vorfahren war er heilig. Die Feindschaft gegen den Baum ist ein Zeichen von Minderwertigkeit eines Volkes und von niederer Gesinnung des Einzelnen" (Alexander von Humboldt 1769- 1859).

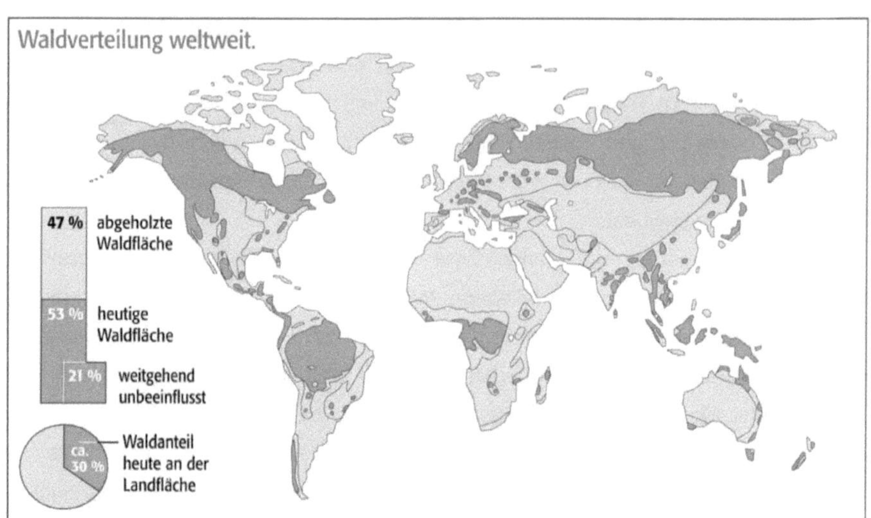

Abb.1: Die weltweite Waldverteilung 2007
Quelle: Allianz Umweltstiftung 2006, Folie 2.3.

2.1. Definition

Bevor der Regenwald separat betrachtet wird, sollten wir uns zunächst einen groben Überblick über die verschiedenen Arten von Wäldern, welche auf unserer Erde vorzufinden sind, verschaffen. Es stellt sich hierbei die Frage nach einer allgemeingültigen Definition dieser global auftretenden Vegetationsform. Was ist nun eigentlich ein Wald? Was wird wissenschaftlich betrachtet darunter verstanden?
 Berufen wir uns auf die Welternährungsorganisation der Vereinten Nationen (FAO), so wird Wald als ein Vegetationstyp von Bäumen charakterisiert, dessen Vertreter eine Mindesthöhe von 7m vorzuweisen haben. Ebenfalls müssen die Bäume nicht weniger als 10% der gesamten Waldfläche beschatten.

Jene Definition trifft sowohl auf unberührten, nahezu undurchdringlichen Regenwald zu als auch auf einen wirtschaftlich genutzten Forst unserer Heimatregionen. Nach Angaben der FAO nahm im Jahr 2001 die globale Waldfläche ungefähr 38 Millionen Quadratkilometer ein, was nahezu 30 Prozent der gesamten Landfläche des Planeten entspricht (ALLIANZ UMWELTSTIFTUNG, 2008, 4).

2.2. Waldvielfalt

Je nach unterschiedlichen Klimazonen unterscheiden wir zwischen borealen, temperierten, subtropischen und tropischen Wäldern. Auf der Nordhalbkugel der Erde, innerhalb der kaltgemäßigten Klimazone, sind die borealen Wälder beheimatet. Sie befinden sich etwa zwischen 50° und 70° nördlicher Breite und nehmen eine Fläche von schätzungsweise 12,7 Millionen Quadratmetern ein.
Charakteristische Vertreter dieses Ökosystems sind in erster Linie Kiefern, Fichten, Birken und Lärchen (ALLIANZ UMWELTSTIFTUNG, 2008, 4). Die Wälder erstrecken sich über Nordamerika, Europa und dem nördlichen Teil Asiens wobei 60% der Fläche sich auf russischem Boden befinden. Im nördlichen Gebiet der Taiga sind überwiegend Permafrostböden vorzufinden, welche im Sommer lediglich in der Lage sind, oberflächlich aufzutauen. Somit können lediglich die bereits genannten Vertreter unter jenen erschwerten Bedingungen langfristig überleben, eine Artenvielfalt unter den Baumarten ist nicht entwicklungsfähig. In Teilen der Nordhalbkugel wo die Dauer der Winterjahreszeit 8 Monate oder mehr beträgt, ist es selbst diesen wiederstandsfähigen und genügsamen Vertretern nicht mehr möglich zu bestehen und das Landschaftsbild des Waldes verändert sich zur baumlosen Tundra.
In Richtung Süden wird hauptsächlich der Laub- und Mischwald der gemäßigten Breiten vorgefunden, der als temperierter Wald klassifiziert wird. Geographisch betrachtet werden unter anderem die Wälder Mittel- und Osteuropas, im Osten und Westen der USA sowie im Nordosten Asiens als jeweilige Vertreter dieser Art angesehen.
Charakteristisch für diese Wälder sind ausgeprägte Jahreszeiten mit kühleren Wintern und einem Wachstumszeitraum von mindestens 4 - 6 Monaten ohne jeden Frost. Die Böden der Wälder zeichnen sich zumeist durch ihre Fruchtbarkeit aus und garantieren somit eine recht vielfältige Vegetation bestehend aus Baum- Strauch- und Krautschicht. Buchen, Eichen, Birken und Ahorn dominieren die oberste Ebene der stark horizontalen Vegetationsstruktur (www.wwf.de).

Die tropischen Wälder befinden sich innerhalb der Wendekreise, zwischen 23,5°
nördlicher und 23,5 ° südlicher Breite und bedecken mit 18,5 Millionen Quadratkilometern
ungefähr 40% der tropischen Fläche. Insgesamt betrachtet befinden sich 48% aller
Wälder in den Tropen und Subtropen, 30% in der borealen Zone, während die restlichen
22% Waldfläche, der temperierten Zone zuzuordnen sind. Des weiteren wird zwischen
den Begriffen Primär- und Sekundärwald unterschieden.

Ein vom Menschen unberührter, in seiner Entwicklung ungestörter und unbeeinflusster
Wald, sozusagen im Urzustand vorhanden, wird als Primärwald klassifiziert, wobei vom
Menschen genutzte und beeinflusste Wälder sich in die Kategorie Sekundärwald
einordnen lassen (ALLIANZ UMWELTSTIFTUNG, 2008, 4).

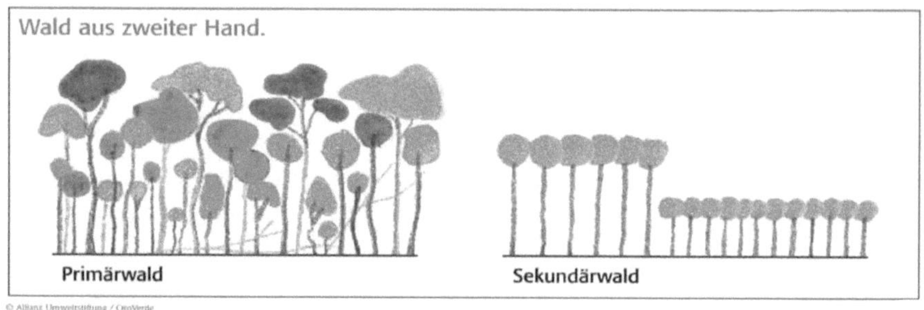

Abb.2: Primär- und Sekundärwald
Quelle: Allianz Umweltstiftung 2007, Folie 2.2.

2.3. Tropenwaldformen

Abb.3: Eindrücke aus dem Regenwald
Quelle: http://static.sftcdn.net/de/scrn/60000/60315/3_regenwald_01.jpg (3.6.2009)

Abb.4: Weiterer Eindruck aus dem Regenwald

Quelle:http://homepage.univie.ac.at/peter.weish/webalbum/Bilder/Regenwald_0007a_jpg. jpg (3.6.2009)

Neben den Korallenriffen stellen die Regenwälder der Tropen die artenreichsten Lebensräume der Erde dar, andererseits gelten sie als die mit Abstand meist gefährdetsten Ökosysteme. Trotz des Bewusstseins der Menschen um ihre Bedeutung für das Weltklima, ihren zahlreichen Ressourcen, teilweise genutzt, teilweise noch ungenutzt, sowie ihrer Diversität , werden die Regenwälder immer fortschreitender zerstört und zurückgedrängt (HOMEIER, 2004, 1).

 Bevor wir uns allerdings, im weiteren Verlauf dieser Arbeit, dem Aufbau des Regenwaldes und dessen zunehmender Bedrohung widmen, sollten zunächst die unterschiedlichen Tropenwaldformen definiert und in den Fokus gerückt werden. Zunächst einmal ist festzuhalten, dass nicht alle Wälder welche sich auf tropischer Landfläche befinden, als Regenwälder zu bezeichnen sind. Die Unterschiede in Bezug auf Niederschlagsmenge, Höhenlage oder Bodenbeschaffenheit sind teilweise recht groß und zeigen sich verantwortlich für das Entstehen unterschiedlicher Waldformen. So werden beispielsweise immergrüne Regenwälder, regengrüne Feucht- und Trockenwälder, Mangrovenwälder sowie Nebelwälder oder Gebirgsregenwälder voneinander abgegrenzt. In der Realität gehen verschiedene Waldtypen allerdings ineinander über und lassen sich nur schwer voneinander unterscheiden (OLDFIELD, 2002, 12).

2.3.1. Der immergrüne Regenwald

Grundvoraussetzung für die Entstehung eines immergrünen Regenwaldes ist eine hohe und gleichmäßig über das Jahr verteilte Niederschlagsmenge von mindestens 100mm im Monat.

Sie bilden den Hauptteil des entlang des Äquators verlaufenden Tropenwaldgürtels und weisen die vielfältigste Tier- und Pflanzenwelt der Erde auf (ALLIANZ UMWELTSTIFTUNG, 2008, 5). Typische Vertreter der Baumarten sind beispielsweise Shorea, aus denen Meranti-Holz gewonnen wird, Amerikanisches Mahagoni, Kapok, Durio, Kautschuk oder Kakao (www.wwf.de).

2.3.2. Der regengrüne Feuchtwald

Die regengrünen Feuchtwälder schließen sich ab dem 10 Breitenkreis sowohl nördlich als auch südlich dem immergrünen Regenwald an. Mit zunehmender Entfernung vom Äquator, nehmen Trockenzeiten und Jahreszeitenausprägungen kontinuierlich zu. In der Regel beträgt die Dauer der Trockenzeit innerhalb besagter Regionen 2 bis 5 Monate (ALLIANZ UMWELTSTIFTUNG, 2008, 5). In diesem Zeitraum verlieren die meisten Baumarten der oberen Schicht des Feuchtwaldes ihr Laub entweder vollständig oder teilweise. Regengrüne Feuchtwälder sind sowohl im Tiefland als auch auf gebirgigen Standorten anzutreffen. Teak, Mango, Sal und Eukalyptus sind einige der am Häufigsten vorkommenden Baumarten (www.wwf.de).

2.3.3. Der regengrüne Trockenwald

In weiterer Distanz zum Äquator treten die regengrünen Trockenwälder hervor. Trotz Perioden von 5 bis 8 Monaten der Trockenzeit ist es möglich, dass bis zu 1000mm Regen pro Jahr fallen. Sie waren in jüngerer Vergangenheit ganz besonders von menschlichen Eingriffen betroffen und wurden in Folge jener Übernutzungen extrem verändert oder teilweise vollständig zerstört. Ihr drastischer Rückgang, insbesondere auf dem afrikanischen Kontinent, verlangt nach Maßnahmen zur Wiederbewaldung, um ein weiteres Ausbreiten von Wüsten verhindern und eindämmen zu können.

Die größten Trockenwaldgebiete der Erde befinden sich in Brasilien und im südlich gelegenen Teil Afrikas. Der Affenbrotbaum zählt zur bekanntesten Baumart dieses Tropenwaldes (www.wwf.de).

2.3.4. Der Mangrovenwald

Auch die Küstenregionen der tropischen Gebiete sind teilweise bewaldet und weisen mit dem Mangrovenwald eine Art Sondertyp von Tropenwäldern auf. Entlang des Meeres bevölkern sie die Zone zwischen den Bereichen des tiefsten und niedersten Wasserstandes im Wechselspiel von Ebbe und Flut. Aufgrund der Anpassungsfähigkeit der Mangrove in Bezug auf die salzwasserhaltige Umgebung, gedeiht die Pflanzenart nahezu ohne Konkurrenz.
Die Wurzeln der Gewächse befinden sich in Schlickablagerungen und finden dank ihres überaus dichten Geflechts zunehmend besseren Halt in dem sie mehr und mehr Schlick ansammeln. Selbst den Gezeitenströmungen gelingt es nicht mehr die Sedimente wegzuschwemmen, während der Lebensraum der Mangroven andererseits auf natürliche Weise zu wachsen beginnt (ALLIANZ UMWELTSTIFTUNG, 2008, 5).

Abb.5: Der Mangrovenwald
Quelle: www.thai-german-sailing.com/images/mangrovenwald1.jpg (2.6.2009)

2.3.5. Der Bergregenwald

Tropische Gebirgsregenwälder verändern ihr Erscheinungsbild und ihre Artenvielfalt je nach Höhenlage und den damit verbundenen klimatischen Veränderungen. Ebenso wirken sich Windverhältnisse und jährliche Niederschlagsverteilung auf die Vegetationsformen aus und nehmen Einfluss auf das komplette Ökosystem.

Beispielsweise nimmt die mittlere Temperatur pro 100 Meter Höhenanstieg innerhalb der tropischen Gebirgszüge um 0,4 bis 0,7 °C ab, während die Niederschlagsmenge kontinuierlich zunimmt. Die Obergrenze der Gebirgsregenwälder liegt meistens bei etwa 2500 Höhenmetern, ist jedoch abhängig von den jeweils herrschenden klimatischen Bedingungen als variabel einzustufen. Oberhalb der Grenze sind die Wälder, wie in Abbildung 6 deutlich zu erkennen ist, häufig von auftretenden, großflächigen Nebelschwaden umhüllt, deren zusätzlich vorhandene Feuchtigkeit sich für die Ausprägung des sogenannten Nebel- oder Wolkenwaldes mitverantwortlich zeigt.

Im Gegensatz zu den Tieflandregenwäldern treten die tropischen Gebirgswälder als artenärmer auf und zeigen sich von geringerer Höhe bezüglich der einzelnen Gewächse. Mit zunehmender Höhe verringert sich ebenso die Blattgröße, die Stämme und Äste der Bäume sind zumeist mit einer hohen Zahl an Farnen und Moosen bewachsen und überwuchert. In der unteren Strauch- und Kräuterschicht finden sich ebenso Farngewächse als dominierende Vertreter der ansässigen Vegetation wieder. Jene Schicht ist im Übrigen deutlich ausgeprägter als es beispielsweise in den Tieflandregenwäldern der Fall ist.

Gebirgsregenwälder treten ausnahmslos in allen tropischen Höhenlagen auf, beispielsweise auf den Vulkankegeln Ostafrikas und Südostasiens („REGENWALD", MICROSOFT® ENCARTA® ONLINE-ENZYKLOPÄDIE, 2009).

Innerhalb der wissenschaftlichen Geschichte hat sich die Erforschung des Regenwaldes fast ausschließlich auf die Tieflandregenwälder beschränkt. Aufgrund ihrer Unzugänglichkeit wurde den Gebirgsregenwäldern eher untergeordnete Aufmerksamkeit zuteil. Allerdings ist JÜRGEN HOMEIERS wissenschaftliche Arbeit, die 2004 veröffentlicht wurde, zum Thema „Baumdiversität, Waldstruktur und Wachstumsdynamik zweier tropischer Bergregenwälder in Ecuador und Costa Rica", als weiterführende und tiefergehendere Literatur zu empfehlen.

Abb.6: Gebirgsregenwald in Kamerun

Quelle: http://liportal.inwent.org/lis/lis/kamerun/bergregenwald.jpg (2.6.2009)

3. Kennzeichen der Regenwälder

Im folgenden Kapitel soll ein Überblick, bezüglich der für einen Regenwald charakteristischen Bedingungen und Abläufe geliefert werden. Hierzu werden zunächst die klimatischen Bedingungen betrachtet, ehe auf die Wasserkreisläufe und die tropischen Böden eingegangen wird. Ein kurzer Einblick in den typischen Stockwerkbau der Tropen bleibt ebenso, wie die bereits genannte Artenvielfalt, nicht unerwähnt.

3.1. Klimatische Bedingungen

„Unterdessen hörten die vom Himmel herabströmenden Wassermassen nicht einen Moment auf. Dies konnte man schon nicht als Regen bezeichnen, eher als eine zweite Sintflut." (Christoph Kolumbus, auf seiner vierten Reise durch die Karibik, 1502-03)

Kennzeichnend für die klimatischen Verhältnisse innerhalb der tropischen Gebiete sind zweifelsohne die gleichbleibend hohen Temperaturen, welche im Tiefland durchschnittlich zwischen 23°C und 28°C liegen. Vergleichsweise erreicht die mittlere monatliche Höchsttemperatur im Oberrheingraben, dem wärmsten Standort Deutschlands, nicht mehr als 20°C. Verantwortlich zeigt sich hier die Sonne, die am Äquator beziehungsweise in äquatorialer Nähe, ganzjährig, fast senkrecht auf die Oberfläche einstrahlen kann.
Folglich sind die Temperaturschwankungen innerhalb eines Tages größer als die Schwankungen im Laufe eines Jahres, weshalb von Tageszeitenklima gesprochen werden muss. Die einzelnen Jahreszeiten sind aufgrund der Temperatur nicht zu erkennen, prägen sich allerdings aufgrund der unterschiedlichen Niederschlagsmenge und Niederschlagsverteilung, welche die Zeit des Blühens, Fruchtens und Laubfalls bestimmen, letztendlich doch aus. Bei zunehmender Nähe zum Äquator fallen die Niederschläge immer gleichmäßiger aus, womit der Natur das Signal für die eben beschriebenen Prozesse verwehrt bleibt (ALLIANZ UMWELTSTIFTUNG, 2008, 6). Das folgende Klimadiagramm von Kisangani im Kongo liefert ein Beispiel für ein typisches Regenwaldklima (siehe Abb.7).

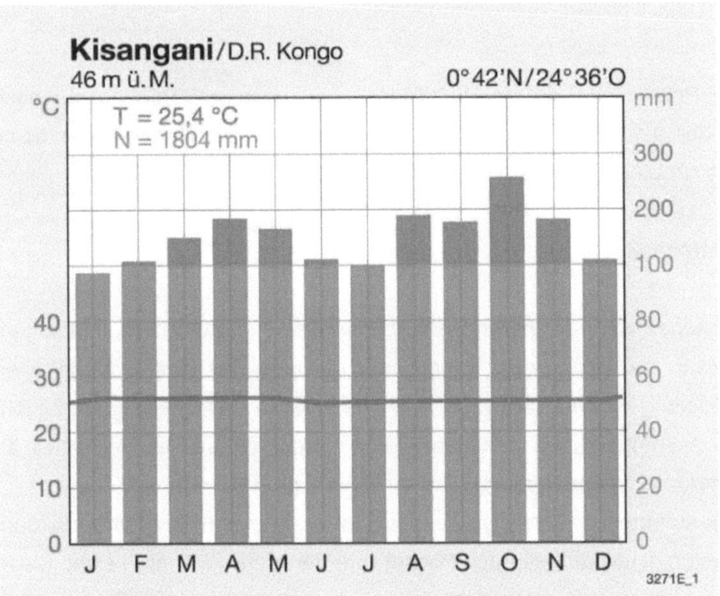

Abb.7: Klimadiagramm von Kisangani

Quelle: http://www.diercke.de/bilder/omeda/800/3271E_1.jpg (3.6.2009)

3.2. Wasserkreisläufe

Wenn wir die Wasserkreisläufe innerhalb des Ökosystems Regenwald beobachten, so muss zwischen dem großen und dem kleinen Wasserkreislauf unterschieden werden. Etwa ein Viertel bis maximal die Hälfte des gesamten Wasserbedarfs erlangt der Regenwald aus dem großen Wasserkreislauf. Wolken, welche sich über den jeweiligen Ozeanen bilden, ziehen über die Küsten hinweg und regnen sich über der Landschaft ab. Ein geringerer Teil des Wassers gelangt über Flüsse zurück ins Meer.

Somit erhält die Vegetation den größeren Teil des Wassers aus dem kleinen Wasserkreislauf der innerhalb des Regenwaldes selbst entsteht (ALLIANZ UMWELTSTIFTUNG, 2008, 7). Wasser wird von den Wurzeln der Bäume aufgenommen, innerhalb der Stämme in Richtung der Äste und Blätter gepumpt und durch die Spaltöffnungen in die Atmosphäre abgegeben. Der aufsteigende Wasserdampf lässt Regenwolken entstehen, deren anschließende Niederschläge erneut verdunsten und somit den Wasserkreislauf vervollständigen (GEO WISSEN, 2000, 118).

Grundvoraussetzung für diesen Kreislauf ist der Bestand von mächtigen und in erster Linie zusammenhängenden Waldflächen. Wissenschaftler warnen vor dem Ausbleiben dieses natürlichen Phänomens, da die Waldflächen bei exzessiver Rodung nur noch getrennt voneinander auftreten werden und der Niedergang der Regenwälder somit beschleunigt würde (ALLIANZ UMWELTSTIFTUNG, 2008, 7f.).

3.3. Bodenbeschaffenheit

Tropische Böden reichen von fruchtbaren Vulkanböden bis hin zu reinem, humusarmem Quarzsand. Ungefähr die Hälfte des Regenwalds befindet sich auf Roterdeböden sogenannten Latosolen, welche sich aus vorherrschenden Silicatgesteinen bilden. Aufgrund der hohen Temperaturen und des heftigen Niederschlags ist der Anteil an chemischer Verwitterung stark ausgeprägt.

 Ein weiterer häufig auftretender Bodentyp des Regenwaldes ist die Bleicherde, die dem in den mittleren Breiten häufig auftretenden Podsol zum Verwechseln ähnlich sieht. Diese wiederum entsteht aus saurem Gestein, besitzt eine schwach ausgeprägte Humusschicht und andererseits einen mächtigen Unterboden der reichlich Humusstoffe enthält. Trotz der Nährstoffarmut der meisten tropischen Böden, befand sich die Natur dennoch in der Lage jene reichhaltige Vegetation zu bilden („REGENWALD," MICROSOFT® ENCARTA® ONLINE-ENZYKLOPÄDIE, 2009).

Dies erklärt sich anhand eines perfekten Recyclingsystems. Alle in irgendeiner Form vorhandenen Nährstoffe werden genutzt, nichts wird verlorengegeben. Abgestorbene Pflanzen, tote Tiere und herabgefallene Blätter verrotten an der Oberfläche, ehe sie durch eine Vielzahl an Kleintieren, Bakterien und Pilzen zersetzt und mineralisiert werden. Die Pflanzen nehmen diese neu aufbereiteten Nährstoffe wieder auf, was ihnen durch ihr flaches und nach oben gerichtetes Wurzelsystem erleichtert wird (ALLIANZ UMWELTSTIFTUNG, 2008, 9).

3.4. Stockwerkbau

Charakteristisch für tropische Regenwälder ist ebenso ihr ausgeprägter Stockwerkaufbau, welcher zwar auch in Wäldern der mittleren Breiten vorzufinden ist, sich hierbei aber deutlich definierter und ausgeprägter darstellt. In der Regel wird zwischen 3 bis 4 Stockwerken beziehungsweise Ebenen unterschieden, wobei die Baumkronen in einer Höhe von bis zu 60 Metern vorzufinden sind. In jedem Stockwerk ist es einer enorm hohen Anzahl an Pflanzenarten möglich zu existieren und sich auszubreiten. Beeinflusst wird die Vielfalt der Vegetation durch die jeweilige Lichtmenge, die durch die obere Etage in untere Gefilde gelangt.

Der artenvielfältigste Lebensraum befindet sich in den Baumkronen. Beispielsweise entdeckten Wissenschaftler in jüngerer Vergangenheit im Blätterdach eines einzigen Tropenbaumes 1200 verschiedene Käferarten unter denen sich 163 Arten nur auf jenen Baum spezialisierten (ALLIANZ UMWELTSTIFTUNG, 2006, 11).

Wenn zwischen 3 Stockwerken unterschieden wird, so befinden sich in der obersten Etage, wie bereits erwähnt, die Kronendächer der Baumriesen die wie eine Art von Inseln aus dem Blätterdach hervortreten. Da die dichte Vegetation den unteren Ebenen Schatten spendet sinkt die Temperatur mit zunehmender Bodennähe.

Die zweite Etage, die sogenannte Kronenregion, besteht größtenteils aus Bäumen mit einer Höhe von 15 bis 40 Metern. Ebenso wie in der übergeordneten Ebene, so wird auch in diesem Bereich das Klima von großen Schwankungen bestimmt, da Temperatur, Windgeschwindigkeit und Luftfeuchte variieren. Für die Erforschung des Regenwaldes präsentiert sich diese Schicht als überaus wertvoll und interessant, da sie ungefähr 2 Drittel aller Lebensformen des Tropenwaldes beinhaltet. Das Blätterdach ist dermaßen dicht gestrickt und undurchlässig, so dass Niederschlag in der ersten, unteren Etage, teilweise erst nach einigen Minuten bemerkt wird.

Im Erdgeschoss findet sich ein überaus konstantes Klima wieder. Wie angesprochen, gelangt nur ein geringer Teil der Sonnenstrahlen durch das dichte Blätterdach nach unten, weshalb die Vegetation in Bodennähe eher spärlich ausfällt. Vertreter wie Pilze, Farne und einige Blütenpflanzen, welche sich den Lichtverhältnissen anpassen konnten dominieren das Vegetationsbild.

Jungbäume, die in ihrer Entwicklung stehen, müssen auf plötzliche Lücken im Blätterdach hoffen, um eine Chance zu erhalten, im Licht zu gedeihen. Darüber hinaus wurde festgestellt, wonach der Stockwerkbau in Tieflandregenwäldern deutlich stärker ausgeprägt ist als in den benachbarten Bergregenwäldern. Zudem erreichen dort die Bäume eine weitaus majestätischer Höhe
(www.madtropics.de/regenwald/regenwaldgeschichten.htm).

3.5. Das Rätsel der Artendiversität

Der natürliche Lebensraum der Tropen ist allgemein bekannt für seine schier unendliche Artenvielfalt, sowohl Flora als auch Fauna betreffend. Aber warum entwickelte sich ausgerechnet in jenen feuchten, äquatornahen Regionen unseres Planeten ein solcher Reichtum, während er in anderen Gebieten vergleichsweise ausblieb oder gering ausfiel? Auf bereits einem Hektar Amazonasregenwald finden sich über 500 Baum- und Lianenarten, während die Wälder Mitteleuropas, neben den weit verbreiteten Buchen und Eichen, nur eine geringe Anzahl an anderen Bäumen beherbergt.

Selbiges gilt für die Tierwelt. Im Regenwald Kolumbiens entdeckten Forscher bisher 3100 Tagfalterarten, während in Nordafrika und Eurasien zusammen gerade mal die Hälfte auftritt. Während in Deutschland ungefähr 250 Vogelarten brüten, so sind es im weitaus kleineren Panama 890.

Insgesamt betrachtet werden mittlerweile nur noch 6% der gesamten Landfläche von tropischem Regenwald bedeckt. Doch nach Schätzungen der Wissenschaft befinden sich in diesem vergleichsweise kleinen Gebiet 50- 75% aller auf der Erde vorkommenden Lebewesen. Die Frage wieso diese ausgeprägte Diversität eigentlich vorzufinden ist, stellt die Biologen bis heute vor ein schier unlösbares Rätsel (GEO WISSEN, 2000, 20f.).

Auf die Geschichte der Evolution bezogen lässt sich die Entwicklung der Regenwälder nicht vollständig rekonstruieren, was mitunter einige Ursachen des Artenreichtums nicht ans Tageslicht kommen lässt. Des weiteren bleibt es der Menschheit immer noch verborgen, wie viele Tier- und Pflanzenarten bisher noch unentdeckt blieben und Teil des Ökosystems Regenwald darstellen.

„ Bei der Erforschung der Biodiversität sind wir noch im Mittelalter" mahnt der Ökologe STEPHEN HUBBEL von der amerikanischen Universität Princeton. Mit einer möglichen Lösung des Rätsels beschäftigte sich Mitte des 19. Jahrhunderts der britische Naturforscher ALFRED RUSSEL WALLACE. Auf seinen Erkundungstouren nach Amazonien und Südostasien fiel im schon damals die Zunahme der Tier- und Pflanzenarten mit zunehmender Äquatornähe auf.

Er versuchte sich die Erkenntnis mit den stabilen, warmen und feuchten Klimaverhältnissen dieser Breitengrade begreiflich zu machen, während das Klima mit zunehmender Polnähe von starken Schwankungen geprägt war. Dieser Unterschied, verbunden mit auftretenden Gletschervorstößen, sei nach Meinung von WALACE für die geringere Artenvielfalt verantwortlich. Heutzutage wird davon ausgegangen, dass er zumindest im Ansatz mit seiner Theorie nicht falsch lag.

Die Wissenschaft rekonstruierte mittlerweile, dass in kühleren und trockenen Phasen der Klimageschichte der Erde, beispielsweise während des Auftretens der Eiszeiten, die seit 60 Millionen Jahren existierenden Regenwälder ihr Ausmaß verringerten und teilweise in unterschiedliche Größen regelrecht zerfielen. Weiterhin ist bekannt, dass geographisch getrennte Lebensräume sich unterschiedlich entwickeln und der Evolution in verschiedener Weise unterworfen sind. So dominiert in einem Teil des ehemals zusammenhängenden Waldes vielleicht ganz andere Arten als es im zweiten, nun getrennten Teil des Waldes der Fall ist. Wenn nun der gesamte Regenwald, nach Beendigung der klimatischen Kaltzeit, in der Lage ist sich erneut zu vereinen, so hat sich die Artenvielfalt im Gegensatz zur Situation vor der Trennung sichtlich erhöht.

Da in den folgenden Jahrmillionen derselbe Prozess sich mehrfach wiederholt hat, erhöhte sich folglich die Diversität. Der deutsche Geologe JÜRGEN HAFFER präsentierte 1969 der Öffentlichkeit erstmals, mit damals großer Resonanz, diese Theorie. Trotz allem bleiben einige Faktoren dieser Theorie strittig. Über den Vegetationswechsel wird ebenso diskutiert wie über die tatsächlichen klimatischen Verhältnisse der jeweiligen Epoche der Erdgeschichte.

KLAUS RHODE, Zoologe an der Universität von New England im australischen Armidale, betrachtet die Sonne als hauptverantwortliche Quelle zur Schöpfung der Artenvielfalt. Diese würde durch ihre starke UV- Strahlung und den höheren tropischen Temperaturen, Mutationen im Erbgut auslösen. Organismen würden, seiner Meinung nach zu urteilen, geringere Generationszeiten aufweisen, schneller reifen. Ebenso würde die Sonne den zügig ablaufenden Stoffumsatz innerhalb der Zellen beschleunigen und somit auch die natürlich gegebene Selektion.

JOSEF REICHHOLF, Experte für die Vogelwelt Südamerikas, von der ZOOLOGISCHEN STAATSSAMMLUNG in München sieht die Ursache in der Nährstoffarmut der Böden versteckt. Er beruft sich auf das Phänomen, wonach Artenvielfalt auf unfruchtbaren Böden besonders hervortritt und sich bis ins erreichbare Maximum steigert. Die Nährstoffe der tropischen Böden wären teilweise so gering vorhanden, dass es keinem Vertreter einer Vegetationsart möglich wäre, die anderen Organismen zu dominieren oder zu verdrängen. Der Standort würde für alle Arten gerade noch zum Überleben ausreichen und die Diversität würde sich steigern. Auch die Tierwelt wäre nach Meinung von REICHHOLF gezwungen, aufgrund der geringen pflanzlichen Mineralien, sich Nischen zu suchen um zu überleben, sich zu spezialisieren.

Letztendlich hat der Artenreichtum der Tropen eine ebenfalls hohe Anzahl an Theorien zur Diversität hervorgebracht. Dies waren nur wenige Beispiele von unterschiedlichen Herangehensweisen an die Problematik. Ob es in der zukünftigen Epoche der

Wissenschaft je zu einer, als allgemein gültig angesehenen Theorie kommen wird, bleibt sicherlich fraglich (GEO WISSEN, 2000, 22ff.).

3.6. Die historische Entwicklung und Ausbreitung der tropischen Regenwälder

Die Regenwälder verlaufen wie eine Art Ring oder ein Gürtel um den Erdball. Wie in Kapitel 3.5. bereits angedeutet, war das im Laufe der Erdgeschichte allerdings nicht durchgängig der Fall. Durch das Auftreten von Eiszeiten wurde die Vegetation zurückgedrängt und fiel auseinander, während sie sich bei den darauffolgenden Warmzeiten wieder erholen und ausbreiten konnte.

Zu Beginn der uns bekannten Zeitgeschichte, drifteten die einst als ein einziger Kontinent verbundenen Erdplatten auseinander. Vor ungefähr 60 Millionen Jahren, zu Anfang des Tertiär, hatten die einzelnen, neu entstandenen Kontinente ihre heutigen Standorte nahezu erreicht. Die Erdatmosphäre enthielt damals einen 2 bis 3 Mal so hohen Anteil an Kohlendioxid wie er heute vorzufinden ist. Dieses Treibhausgas, zeigte sich für den Anstieg der Temperaturen weltweit hauptverantwortlich. In dieser warmen Welt, verdunstete folgerichtig auch ein größerer Anteil an Wasser, was zur Zunahme von Niederschlägen sowie der Luftfeuchtigkeit führte.

Innerhalb dieses Klimas entwickelten sich in Äquatornähe die ersten Regenwälder der Erde. Die Ausdehnung dieser Vegetationsform veränderte sich allerdings im Laufe der Zeit erheblich, war erdgeschichtlich betrachtet nie stagnierend, sondern zeichnete sich durch ständige Variabilität aus. Dehnten sich die Regenwälder in Warmzeiten wie etwa im Eozän, vor ungefähr 50 Millionen Jahren, dermaßen aus, dass sie zeitweise bis Mitteleuropa und in Gebiete Nordamerikas vordringen konnten, so wurden sie während den Eiszeiten auf vergleichsweise kleine Restareale zurückgedrängt.

Entscheidend für die Situation der Regenwälder während der Kaltzeiten war in erster Linie nicht einmal der enorme Temperaturrückgang verantwortlich, sondern die abnehmende Luftfeuchtigkeit, verursacht durch den, im Eis der Gletscher gebundenen Regen. Das Klima wurde zwangsläufig auch in den tropischen Regionen trockener und die Niederschläge blieben größtenteils aus.

Zur Folge hatte dieser Prozess zahlreiche Waldbrände, die zahlreiche Vegetationsflächen zerstörten und den Wald zurückdrängten. In Afrika und Südamerika trat während der Eiszeiten nur noch verstreut tropische Vegetation auf, an die savannenähnliche Gebiete angrenzten (GEO WISSEN, 2000, 26).

Bei Beendigung der jeweiligen Eiszeit und dem Auftreten einer global klimatischen Erwärmung, schmolzen die Gletscher und setzten riesige Mengen an Wasser frei. Durch das Aufheizen der Atmosphäre konnte viel Wasser verdunsten, was einen Anstieg der Luftfeuchtigkeit zur Folge hatte und es dem Regenwald ermöglichte, sich erneut über die Erde auszubreiten. Um eine gewisse Vorstellung von der damaligen Vegetation zu erhalten und die eben beschriebenen Prozesse nachvollziehen und beweisen zu können, suchen Wissenschaftler immer wieder nach Indizien in der Natur.

Beispielsweise können anhand von organischen Resten von Pflanzen in Sedimenten, deren Alter bestimmt werden. Dies ist aufgrund des radioaktiven Zerfalls der enthaltenen Elemente möglich. Ebenso lässt sich die Vegetationsverteilung der Vergangenheit durch die Analyse von Pollen rekonstruieren. Pollen gelangen jedes Jahr aufs Neue in Sedimente oder Ablagerungen, sind aufgrund ihrer harten Außenschicht von Zersetzungsprozessen hauptsächlich geschützt und liefern mitunter Hinweise auf Pflanzenarten, die momentan schon nicht mehr existieren. Die Forscher allerdings erhalten durch diese Art von Funden, Hinweise über die Vegetation der Vergangenheit.

Aufgrund solcher und weiterer Methoden, sowie Computersimulationen die Aufschluss über das ehemals vorherrschende Klima liefern sollen, kamen Wissenschaftler zu dem Endergebnis, dass sich der Regenwald seit dem Auftreten der letzten Warmzeit vor 8000 Jahren bis zu Beginn des 20. Jahrhunderts nur sehr geringfügig veränderte.

 Dann allerdings geschah ein Ereignis auf das die sonst so perfekt organisierte und strukturierte Natur nicht vorbereitet war und bis heute keine Antwort parat hält. Der Mensch griff in den Regenwald ein (GEO WISSEN 2000, 27f.).

4. Der Regenwald- das bedrohte Paradies

„Zu Fällen eine schönen Baum,

braucht es eine halbe Stunde kaum,

zu wachsen, bis er von uns bewundert,

braucht er, bedenk es, ein Jahrhundert" *(Eugen Roth)*

Quelle:http://www.faszination-regenwald.de/bilder/info-center/brandrodung_regenwald.jpg
(3.6.2009)

Mit Beginn des 20. Jahrhunderts gingen aufgrund der menschlichen Einflussnahme die Regenwaldflächen drastisch zurück. Im Laufe der gesamten Erdgeschichte kam es zu keiner Zeit zu einem dermaßen großen Verschwinden der tropischen Ökosysteme, wie es in den letzten Jahrzehnten der Fall war. Seit den sechziger Jahren nahm die Zerstörung dramatische Formen an, in dem bis ins Jahr 1990 ein Fünftel des gesamten Regenwaldbestandes verloren ging, was mit ungefähr 450 Millionen Hektar der halben Fläche der gesamten USA entspricht.

Einzelne Staaten waren separat betrachtet noch schwerwiegender betroffen, beispielsweise verlor die Elfenbeinküste mittlerweile rund 60 Prozent ihres Waldes. Experten gehen bereits davon aus, dass bei unveränderten Zuständen, bis 2045 der

Regenwaldbestand der Erde ein weiteres Drittel seiner Fläche einbüßen muss (GEO WISSEN, 2000, 29).

Abb.9: Illegale Regenwaldabholzung in Brasilien

Quelle:web.ard.de/galerie/content/nothumbs/default/39/media/315_regenwald_5.jpg

(3.6.2009)

Das Kapitel erhebt den Anspruch, die Ursachen und Gründe für diese bedrohlichen Entwicklungsprozesse aufzuzeigen, den Tropenwald in einen globalen Zusammenhang zu setzen und darüber hinaus Perspektiven zum Schutz und zur Wiederherstellung der Vegetation heranzuziehen.

4.1. Ursachen der Zerstörung

Durchschnittlich werden momentan circa 416 Quadratmeter Regenwald pro Tag vernichtet. Dieser erschreckende Wert erklärt sich aus verschiedenen Gründen. Die Gewinnung von Nutzholz, fast ausschließlich zum Export verwendet, steht hierbei an vorderster Front. Weltweit werden im Jahr 40 Millionen Kubikmeter Wald gerodet, sei es zur Gewinnung von Brennholz oder für die Herstellung anderer Produkte, was einen Gewinn von über 10 Milliarden US- Dollar erwirtschaftet.

Weiterhin verdrängen die für die Landwirtschaft benötigten Anbauflächen den Wald. Es entstehen einerseits Plantagen zum Anbau gefragter Exportprodukte wie Kaffee, Kakao,

Zuckerrohr, Soja, Kautschuk oder Orangen und andererseits wird genügend Raum als Weideland der Viehwirtschaft bereitgestellt. Hinzu kommen zahlreiche Siedler, die Regenwaldabschnitte unkontrolliert roden, um Anbauflächen für den Eigenbedarf zu erhalten. Problematisch sind hierbei die rasch ausgelaugten Böden, die einer kontinuierlichen Nutzung im Wege stehen und den Bedarf an neuen Flächen beschleunigen.

Das zunehmende Aufkommen an Infrastrukturprojekten trägt ebenfalls seinen negativen Part zum Rückgang des tropischen Waldes bei, indem der Bau von Verkehrswegen, Siedlungen, oder Industriezentren das Ökosystem aus den Fugen heben. Ebenso wird die Natur beim Abbau der Bodenschätze wie Gold, Zink, Kupfer oder Eisenerz ins Abseits gestellt. (ALLIANZ UMWELTSTIFTUNG, 2008, 34).

Abb.10: Goldsucher im brasilianischen Regenwald
Quelle: www.n24.de/media/import/dpainfoline/ (3.6.2009)

4.2. Hintergründe

Die nun bekannten Ursachen und Beweggründe, welche globale Bevölkerungsgruppen veranlasst hat in die natürlichen Vegetationssysteme des Regenwaldes kontraproduktiven Einfluss zu nehmen, dürfen nicht eigenständig betrachtet werden. Ebenso bedarf es des Einblicks in die jeweiligen politischen und ökonomischen Strukturen der Staaten, zumeist Entwicklungsländer, auf deren Böden der Tropenwald ansässig ist. Instabile, unstrukturierte Regierungssysteme brachten komplizierte gesellschaftliche Verhältnisse hervor, welche die Erstellung und Ausführung von Schutzmaßnahmen erschweren.

Oftmals sind die Eigentumsverhältnisse eines Waldstücks schlichtweg undefiniert, so dass sich keine Partei oder Gruppierung direkt verantwortlich fühlt, oder zur Rechenschaft gezogen werden könnte. Waldrodungen im großen Stil werden somit logischerweise erleichtert.

Die finanziellen Probleme vieler Staaten führen zudem zur Nutzung der natürlich gegebenen Ressourcen für den Bereich des Exports. Dieser schnelle und unüberlegte Lösungsansatz bringt große Schäden innerhalb der Natur mit sich, die, aufgrund des verlockenden Gewinns, des Öfteren unbeachtet bleiben. Das Phänomen der Armut und das unterdurchschnittliche Bildungsniveau ansässiger Bevölkerungsgruppen tragen ihren Teil zur Gesamtsituation bei.

Menschen benötigen Holz als Brennstoff sowie Flächen, die zum landwirtschaftlichen Anbau erstellt werden, als Sicherung ihrer Existenz im täglichen Kampf ums Überleben (ALLIANZ UMWELTSTIFTUNG, 2008, 35).

Der betroffenen, verarmten Bevölkerung, über die weltweite Bedeutung und den Wert der Tropenwälder zudem unzureichend aufgeklärt, ist anhand solch erschwerter Lebensbedingungen wohl der geringste Vorwurf im Umgang mit den tropischen Wäldern zu machen. Zielgruppen der Kritik sollten eher die Regierungen der betreffenden Länder, sowie westliche Großinvestoren und Industriekonzerne sein.

4.3. Der Regenwald als Spielball der Globalisierung

Zu Zeiten der globalen Weltwirtschaft, hat sich die Menge an gehandelten Waren auf der Welt allein schon zwischen 1970 und 1998 verdreifacht. Allerdings profitieren einige Entwicklungs- und Schwellenstaaten durchaus von diesem Prozess. Länder wie Thailand, Brasilien oder Malaysia, um nur einige Beispiele aufzuführen, erzielen mittlerweile deutlich höhere Einnahmen, wobei viele Sektoren wie die Bildungspolitik oder auch das Gesundheitswesen enorm profitieren. Mit dem Welthandel erhöht sich nun auch die Nachfrage nach den Produkten der Regenwälder (ALLIANZ UMWELTSTIFTUNG, 2008, 36).

Eines der am häufigsten importierten Produkte, ist zweifelsohne das Palmöl, das nach dem Sojaöl weltweit am zweithäufigsten verwendet wird und einen Marktanteil von 21% besitzt.

Die Bevölkerungsgruppen der Industrienationen verwenden es tagtäglich, sei es in Schokolade, der Margarine, dem Haarshampoo, oder in Tiefkühlprodukten verschiedenster Art, enthalten. Die Heimat der Ölpalme liegt ursprünglich in Westafrika. 1870 wurde sie in Malaysia zunächst als Schmuckpflanze eingeführt, doch schon bald kam ihr wirtschaftlicher Nutzen ans Tageslicht (GRUNDMANN, EMMANUELLE, 2007, 137).

Seit dem Jahr 1917 wird die Ölpalme auf Plantagen professionell angebaut, wobei die Plantagen im Laufe der sechziger Jahre enorm expandierten. In Malaysia beträgt die Fläche des Ölpalmenanbaus mittlerweile bereits 2 Millionen Hektar, womit der asiatische Staat den weltweit größten Produzenten an Palmöl verkörpert, gefolgt von Indonesien, die ab den Achtzigern mit ins Geschäft einstiegen.

87% der Entwaldung auf malaysischem Boden, zwischen 1985 und 2000, fanden aufgrund der Hervorbringung von Palmölplantagen statt. Auch die afrikanischen Staaten Kenia, Kongo, Nigeria und Liberia beteiligen sich momentan am Ölpalmenanbau im großen Stil, ebenso Brasilien, Kolumbien und Mexiko. Angebaut wird die Ölpalme in riesigen Monokulturen. Der Einsatz von Düngemitteln und Pestiziden, welche die Erde und das Wasser verunreinigen, wird zur Massenproduktion benötigt. Weltweit wurden bisher rund 16,5 Millionen Hektar Wald in Palmenplantagen künstlich umgewandelt, da der Bedarf an der Ware Palmöl kontinuierlich steigt.

Aus einer Ölpalme werden 2 verschiedene Sorten von Ölen gewonnen: eine aus dem Samen, die andere aus dem Fruchtfleisch der Pflanze. Wie erwähnt sind beide Ölsorten in Produkten unseres täglichen Gebrauchs enthalten, was wiederum die Nachfrage erhöht. Für die noch vorhandenen Regenwaldbestände, stellt diese Erkenntnis natürlich eine Katastrophe dar.

Die Plantagenbesitzer wehren sich zudem oftmals gegen eine normale Rodung des Waldstücks, sondern bevorzugen aus Kostengründen die Vegetation durch Brandrodungen auszulöschen. Für die zum Teil absichtlich gelegten Brände wurden in jüngerer Vergangenheit häufig klimatische Phänomene als offizielle Erklärungen herangezogen. Satellitenbilder erbrachen mittlerweile den Beweis, wonach 176 Holzunternehmen sich bewusst als Verursacher der Waldbrände betätigten. Die Folgen solcher Maßnahmen sind teilweise gravierend. Ganze Dörfer und Gemeinden mussten in betroffenen Gebieten ohne Entschädigungszahlungen umgesiedelt werden, die ursprüngliche Vegetation wurde unwiederbringlich zerstört.

Doch ein Ende der Entwicklung ist in näherer Zukunft nicht vorauszusehen, da weltweit bereits über 22,5 Millionen Tonnen Palmöl im Jahr verbraucht werden und es nach Prognosen zudem im Jahr 2020 ungefähr 40 Millionen Tonnen sein sollen. Die Hauptimporteure des Produkts sind China, Deutschland und die Niederlande. Unterstützung erhalten die jeweiligen Konzerne von internationalen Großbanken und Finanzinstitutionen (GRUNDMANN, EMMANUELLE, 2007, 138ff.).

Diese erschreckenden Entwicklungen gelten ebenso für eine Vielzahl an anderen Produkten der Regenwälder. Beispielsweise wurde für den Anbau von Soja, im Brasilien der neunziger Jahre, 3000 Quadratkilometer Wald zur Errichtung von Plantagen gerodet. Für die mit den Plantagen verbundenen Infrastrukturinvestitionen kommen weitere Vegetationsflächen hinzu, die ihren Platz räumen müssen.

Abb.11: Anlage einer Palmölplantage in Indonesien
Quelle: http://www.greenpeace.de/typo3temp/GB/fb5c7dc6f6.jpg (3.6.2009)

4.4. Politik und Perspektiven für den Regenwald

Im folgenden Abschnitt wird erläutert, welche Strategien, sowohl national wie international, zum Schutz des Regenwaldes bereits vorhanden sind, welche Perspektiven die Vegetationen der tropischen Wälder besitzen und dass ein wirksamer Schutz derselbigen nur durch das Miteinbeziehen der Menschen gewährleistet wird.

Aufgrund ihrer globalen Bedeutsamkeit ist der Tropenwaldschutz eine Aufgabe, an denen sich alle Staaten zu beteiligen haben. Diese notwendige Erkenntnis wurde 1992 in Rio de Janeiro auf der Konferenz für Umwelt und Entwicklung der Vereinten Nationen (UNCED) festgehalten und es folgten gesetzlich verpflichtende Maßnahmen zum Schutz der Regenwaldgebiete.

Die Staats- und Regierungschefs von 178 Staaten waren vertreten und trafen gemeinsame Vereinbarungen, welche die Unterstützung einer umweltfreundlichen Entwicklung bezüglich ökologischer, ökonomischer, sowie sozialer Aspekte gewährleisten sollen. Hauptdokument jener Zusammenkunft ist die Agenda 21, ein weltweites Aktionsprogramm sowohl für Industriestaaten als auch Entwicklungsländern, für den damaligen Übergang ins 21. Jahrhundert erstellt (ALLIANZ UMWELTSTIFTUNG, 2008, 38). Das vordergründige Ziel ist das Streben der Menschheit nach dem Prinzip der Nachhaltigkeit. Der Begriff bedeutet in diesem Zusammenhang den Versuch beziehungsweise die Verpflichtung das eigene Leben, bezogen auf Bevölkerungsgruppen weltweit, auf eine Art und Weise zu gestalten, damit es zukünftigen Generationen weiterhin möglich sein wird eine intakte, funktionierende Umwelt vorzufinden. Das wirtschaftliche Handeln und die soziale Lebensweise sollen sich beiderseits auf diese Vorgabe beziehen.

Zudem muss die Verteilung sowie die Zugänglichkeit zu den Ressourcen unseres Planeten für alle Völker, unabhängig von Staatenzugehörigkeit oder Herkunft, gleichermaßen fair verteilt sein. Die einzelnen Themengebiete der Agenda sollen in nationalen und lokalen Aktionsplänen umgesetzt werden (www.agenda21.de).

Darüber hinaus existieren weitere Abkommen zum Schutz der tropischen Wälder, beispielsweise wurde auf derselben Konferenz in Rio de Janeiro die „Konvention über biologische Vielfalt" verabschiedet und trat im Jahr darauf offiziell in Kraft. Hierbei verpflichten sich alle 178 Staaten zu mehreren Zielvorgaben, zum Beispiel der Bewahrung der Biodiversität, zum Beitrag an der nachhaltigen Nutzung der natürlichen Ressourcen sowie die Herkunftsländer der jeweiligen Produktvorkommen gerecht und angemessen an den erwirtschafteten Gewinnen zu beteiligen. Da innerhalb der Konvention festgelegt wurde, dass die Erhaltung der Ökosysteme die wichtigste Grundvoraussetzung für den Bestand der Artenvielfalt der tropischen Wälder darstellt, kann sie als Grundlage für den überaus notwendigen Schutz der gefährdeten Regionen betrachtet werden.

Einer der weiteren zentralen Gründe für die Zerstörung der Tropenvegetation stellt natürlich auch die oftmals hohe Verschuldung der Entwicklungsländer dar. Auch unter diesem Aspekt werden immer mehr innovative Strategien hervorgebracht um diese Staaten zu unterstützen. Unter anderem gibt es das Projekt „ debt for nature swaps", wobei einem Entwicklungsland, welches sich dazu bereit erklärt Investitionen ökologischer und sozialer Art zu tätigen, ein Teil seiner Auslandsschulden erlassen wird. Hierzu zählen Investitionen, wie die Erstellung von Schutzgebieten, die Wiederaufforstung von zerstörten Waldstücken sowie Maßnahmen zur Verbesserung der Bildungsmöglichkeiten und des Gesundheitssystems.

Parallel zu den Regierungen versuchen zahlreiche nationale und internationale Unternehmen und Organisationen den Erhalt und die Wiederherstellung des Regenwalds zu fördern. Die globale Umweltfazilität (GEF), eine umweltprojektunterstützende Finanzinstitution bemüht sich ihrerseits um den Erhalt der Biodiversität, während die Weltbank, um ein weiteres Beispiel herbeizuführen, Umweltprogramme bezüglich Ressourcen- und Klimaschutz finanziert. Die Welthandelsorganisation (WTO) ist darin bestrebt, den Welthandel zu vereinfachen, es Staaten somit zu erleichtern ihre jeweils produzierten Güter auf dem globalen Markt in Umlauf zu bringen.

Bei allen Versuchen und Methoden ist es durchgängig von Nöten, dass alle betroffenen und einflussnehmenden Bereiche wie Politik, Wissenschaft, Wirtschaft sowie spezielle Organisationen zum Naturschutz, gemeinsam in einen Dialog zur Problembewältigung treten. Nur durch eine gemeinsame Zusammenarbeit auf internationaler Ebene besteht die Chance, Wissen weiterzugeben, Verständnis zu wecken, oder gemeinsame Lösungsstrategien zu ermitteln. Die Sensibilisierung der Öffentlichkeit bezüglich dieses Themas muss eine der Hauptprioritäten der Regierungen darstellen, da die beschlossenen Vereinbarungen von den Bevölkerungsgruppierungen mitgetragen werden müssen, um erfolgreich zu sein (ALLIANZ UMWELTSTIFTUNG 2008, 38f.).

4.5. Beispiele für deutsche Aktivitäten zum Schutz des Regenwalds

Deutschland zählt zu den engagiertesten Nationen, die sich für den tropischen Wald einsetzen. Momentan werden von deutscher Seite aus 310 Projekte, verteilt auf 66 Länder, unterstützt und gefördert. Über das Bundesministerium für Wirtschaftliche Zusammenarbeit und Entwicklung (BMZ) fließen große Mengen an Bundesmitteln an die Gesellschaft für technische Zusammenarbeit (GTZ) sowie die Kreditanstalt für Wiederaufbau (KfW). Diese Institutionen arbeiten gemeinsam mit anderen Ländern und Organisationen an zahlreichen Projekten zum Erhalt der Regenwälder.

Beispielsweise leisten beide Vertreter mit 180 Millionen Euro den höchsten Beitrag zum „Internationalen Pilotprogramm zur Erhaltung der Wälder Brasiliens" (PPG7), ein Kooperationsprojekt zur nachhaltigen Entwicklung und Schutz der Waldregionen in Brasilien. Es wird zwischen den nun bekannten Regierungsorganisationen und den Nichtregierungsorganisationen (NROs) unterschieden. Zu den NROs gehören Stiftungen, Forschungseinrichtungen sowie Umwelt und Entwicklungsverbände. Die gemeinnützige Frankfurter Regenwaldstiftung OroVerde übernimmt zum Beispiel die Schirmherrschaft für einige Projekte (ALLIANZ UMWELTSTIFTUNG, 2008, 44).

Initiator der Stiftung, die im Jahr 1989 gegründet wurde, ist Professor Dr. Wolfgang Engelhardt, Ehrenpräsident des Deutschen Naturschutzringes (DNR). OroVerde unterstützt momentan Projekte in Indonesien, Kuba, Mittelamerika, Guatemala, Venezuela, Honduras, Surinam und Ecuador. Dort helfen die beauftragten Vertreter der Organisation beim Errichten von Nationalparks, dem Wiederaufforsten von geschädigten Waldstücken und bei Projekten zum Erlernen von vegetationsschonenden Wirtschaftsweisen.

Die einzelnen Projekte werden von Partnerorganisationen in jeweiliger Standortnähe durchgeführt. OroVerde übernimmt den Großteil der anfallenden Kosten und überwacht die Maßnahmen. Nach Beendigung der Förderzeit steht die Stiftung den nun selbstständigen Nachbarorganisationen als Berater zur Seite (www.oroverde.de).

Des weiteren bestehen innerhalb des Landes noch zahlreiche andere Organisationen, beispielsweise die Allianz Umweltstiftung, die zur Rettung des Regenwalds ihren Beitrag leisten und andere Mitbürgerinnen und Mitbürger für den hohen Stellenwert der Thematik sensibilisieren und informieren möchten.

4.6. Auswirkungen und Folgen des Regenwaldrückgangs

Als die Menschheit damit begann, die Erde zu besiedeln, da waren die Wälder schon seit ungefähr 377 Millionen Jahren vorhanden. Bäume und Waldpopulationen beeinflussten und entwickelten das Leben auf der Erde von Anfang an. Später wurde die Entwicklung der menschlichen Bevölkerung grundlegend mitbestimmt. Die Wälder boten ein ideales Gelände für die Ausbildung von Pflanzengesellschaften und stellten Lebensräume für die verschiedensten Tierarten dar. Die Tropenwälder, zu Beginn fast ausschließlich die einzig vorkommende Waldgattung, verändern sich nicht aufgrund ihrer Umgebung, sondern erzeugen ihre eigene Umwelt.

Sollte es nun geschehen, dass dieses außergewöhnliche Ökosystem zu verschwinden droht, so wären die Auswirkungen unvorstellbar, da die Wissenschaftler die gesamten Konsequenzen bis heute nicht vollständig erfassen konnten. Es ist mittlerweile zwar bekannt, dass sich der Rückgang von großflächigen Regenwaldgebieten für den gegenwärtigen Klimawandel mitverantwortlich zeigt, jedoch sind die tatsächlichen Auswirkungen auf die Menschheit und deren Gesellschaft nicht vorhersehbar (GRUNDMANN, 2007, 64f.).

Zu Beginn der Entwicklung von Waldgebieten, vor ungefähr 380 Millionen Jahren veränderte sich, parallel hierzu, ebenfalls das Klima. Die Temperaturen, sowie der Gehalt an Kohlendioxid in der Atmosphäre, welcher von Wäldern entsorgt wird, verringerten sich, während die Niederschlagsmenge zunahm.

Die klimatischen Veränderungen bewirkten die Entstehung und Herausbildung neuer Tier- und Pflanzenarten, beispielsweise größerer Säugetiere. Werden größere Waldflächen abgeholzt und zurückgedrängt, so steigt die Albedo, ein Maß, welches das Verhältnis der, von einer Fläche zurückgestrahlten, Sonnenenergie zur Gesamtmenge der eingestrahlten Energie beschreibt. Vereinfacht ausgedrückt bedeutet der Albedoanstieg die zunehmende Erhitzung der Erdoberfläche. Hat die Vegetation folglich mehr Wärme aufzunehmen, so vergrößert sich die Abgabe von Feuchtigkeit, die in Form von Wasser in die Atmosphäre gelangt.

Dies führt weiterhin zu immer stärker werdenden Luftströmungen die sich über dem Laubdach der Wälder bewegen, innerhalb der Vegetation eine erhöhte Feuchtigkeitsabgabe hervorrufen und den Wasserkreislauf verändern. In jenem Kreislauf gibt ein Wald einen Großteil an Wasser, in Form von Wasserdampf, an die Atmosphäre ab. Der Wasserdampf kondensiert, es kommt zur Wolkenausbildung und schließlich zum

Niederschlag. Wenn nun immer größere Gebiete an Waldflächen verloren gehen, so fällt dieser Regen direkt auf eine vegetationsärmere Oberfläche und fließt schließlich, zumindest zu einem größeren Teil direkt ins Meer zurück. Die Folge wäre ein drastisch rückläufiger Wassergehalt der Atmosphäre, welcher die Entstehung von Wüstenregionen vorantreibt. In einigen Gebieten der Erde, beispielsweise in Teilen der Amazonasregion, schreitet dieser Prozess bereits voran.

Noch verheerender sind allerdings die klimatischen Veränderungen, welche zukünftig zu erwarten sind. Seit Beginn der Industrialisierung erhöhte sich der Kohlendioxidgehalt der Atmosphäre enorm. Was wird das für Auswirkungen haben? Das Schmelzen der Gletscher sowie der Anstieg des Meeresspiegels? Atmosphärische Störungen oder die Zunahme des Wetterphänomens El Nino? Könnten Endzeitszenarien wie wir sie normalerweise nur aus dem Kino kennen, zumindest im Ansatz Realität werden? Die vorrausdeutenden Annahmen sind nahezu unendlich.

Zusammengefasst sind die bevorstehenden Konsequenzen nicht vollständig erforscht und es kann noch keine eindeutig klare und nachvollziehbare Aussage getroffen werden. Fest steht jedoch, dass die Regenwälder für uns Menschen überlebenswichtig sind. Beispielsweise binden sie etwa vierzig Mal so viel Kohlendioxid wie die Menschheit regelmäßig produzieren kann.

Leider wurde die Welt in den letzten Jahren bereits Zeuge von schweren Naturkatastrophen, die Belege für den Wahrheitsgehalt der pessimistisch prognostizierten Aussagen liefern. Ein Beispiel hierfür währen zum einen die enormen Überschwemmungen im Winter 1999/2000 in Mosambik oder zum anderen die sintflutartigen Regenfälle im Jahr 2003 auf den Philippinen, bei denen die abgeholzten Wälder nicht mehr in der Lage waren, die eigentlich normal verlaufenden tropischen Regenfälle aufzunehmen. Die Auswirkungen auf die Bevölkerung war in beiden Fällen verheerend (GRUNDMANN, 2007, 79ff.).

5. Fazit

Nun haben wir den Regenwald in seiner Struktur, seiner Entstehungsgeschichte und seiner aktuellen, problematischen Entwicklung kennen gelernt. Die Auswirkungen des Vegetationsrückgangs, welche bereits teilweise schon zur bitteren Realität wurden, sind den meisten Menschen durchaus geläufig.

Aber können wir in Zeiten einer solch komplizierten, globalen Wirtschaftslage, welche die Zukunftsplanungen des Einzelnen erschwert, Existenzängste hervorruft und die Individuen tagtäglich beschäftigt, überhaupt von der Bevölkerung erwarten, sich mit den tropischen Wäldern auseinander zu setzen? Einem Thema, das gefühlsmäßig weit weg zu liegen scheint, während Probleme des Alltags in direkter Nähe Präsenz zeigen? Die Frage ist zweifelsohne äußerst schwer zu beantworten, wenn sie es überhaupt sein sollte, und wird je nach Person, die unterschiedlichsten Meinungen hervorrufen.

Hinzu kommt, dass der Tropenwaldrückgang fast ausschließlich als ökologische Misere wahrgenommen wird und die sozialen Aspekte außer acht gelassen werden. In Wahrheit leben immer noch Millionen von Menschen von den Ressourcen des Regenwaldes, der seit Generationen ihre Heimat und einen Teil ihrer Kultur und Tradition hervorrief und darstellt. Die Zerstörung ihrer natürlichen Umgebung raubt den Einheimischen die Chance, ihren Lebensunterhalt zu sichern.

Die einzelnen Volksstämme werden je nach Bedarf aus ihrem Land vertrieben und in vorgegebene Räume regelrecht deportiert. Diese Aspekte sollten eigentlich mehr als ausreichend sein, um die globale Menschheit von der Zerstörung der Regenwälder abzubringen. Doch leider spielt der Faktor Geld in diesem Zusammenhang eine enorm starke Rolle. Zu viele ökonomische und politische Interessen verlangsamen oder verhindern Schutzmaßnahmen von Regierungsseite. Die einzelnen Großkonzerne werden in ihren Vorgehensweisen zu selten eingeschränkt und nicht nachhaltig kontrolliert (GRUNDMANN, 2007, 301f.).

Und wie sieht es mit uns einzelnen Bürgerinnen und Bürgern und aus? Nutzen wir die uns gegebene Kaufkraft, welche die Wirtschaft beeinflussen kann, auch aus um die Entwicklung zu stoppen? Meiden wir beim Konsum beispielsweise Papier oder Tropenholz ohne eindeutige Herkunftsbezeichnung? Oder verzichten wir bewusst auf Produkte die Palmöl enthalten? Sind wir bereit verantwortlicher zu konsumieren, weniger zu konsumieren oder fehlt uns die Zeit dazu, letztendlich vielleicht auch der Wille oder ganz einfach die Lust? Wie in vielen anderen Bereichen ebenso der Fall, so klafft auch hier eine große Lücke zwischen einfach und plausibel klingender Theorie, sowie der Bereitschaft zur realen Umsetzung, auf. Trotz allem gibt es meiner Meinung nach weiterhin Hoffnung. Zahlreiche Umweltorganisationen und weitere Fördervereinigungen sensibilisieren die Bevölkerungen und starten wirkungsvolle Projekte zum Schutz der Vegetation. Dies kann allerdings nur der Anfang sein.

Die politischen Entscheidungsträger müssen zweifelsohne eben genannte Organisationen noch entscheidender fördern und unterstützen und ihrerseits die Thematik mehr in den Fokus rücken als es größtenteils bisher der Fall war. Ohne erneut ins Detail gehen zu wollen, so ist es von äußerster Relevanz, das globale Problem auch in gemeinsamer Zusammenarbeit zwischen allen Staaten anzugehen.

Nur dann hat der Regenwald und dessen typischer Artenreichtum mit all seinen Facetten und ökologischem Nutzen eine Möglichkeit zum Überleben. Nur dann kann es den folgenden Generationen möglich sein, an ihm teilhaben zu dürfen.

6. Literaturverzeichnis:

ALLIANZ UMWELTSTIFTUNG 2008: Informationen zum Thema „Tropenwald" Schatzkammer der Erde und bedrohtes Paradies. München

BACHMANN, K. 2000: Das Rätsel des Reichtums. In: GEO WISSEN REGENWALD 2000, S.20- 25. Hamburg

GRUNDMANN, E. 2007: Wälder die wir töten. Über Waldvernichtung, Klimaveränderung und menschliche Unvernunft. München.

HOMEIER, J. 2004: Baumdiversität, Waldstruktur und Wachstumsdynamik zweier tropischer Bergregenwälder in Ecuador und Costa Rica ; mit 19 Tabellen im Text und als Anhang. Stuttgart.

OLDFIELD, S. 2003: Regenwald. Rastatt

PELZ, A. 2000: Im Banne der Planeten. In: GEO WISSEN REGENWALD 2000, S.26- 29. Hamburg

Quellen aus dem Internet:

www.agenda21.de (letzter Zugriff: 4.6.2009)
http://de.encarta.msn.com/encyclopedia_761552810_3/Regenwald.html
(letzter Zugriff: 4.6.2009)
„Regenwald", Microsoft® Encarta® Online- Enzyklopädie 2009 (letzter Zugriff: 4.6.2009)
www.wwf.de (letzter Zugriff: 4.6.2009)
www.madtropics.de/regenwald/regenwaldschichten.htm (letzter Zugriff: 4.6.2009)
www.oroverde.de (letzter Zugriff: 4.6.2009)

BEI GRIN MACHT SICH IHR WISSEN BEZAHLT

- Wir veröffentlichen Ihre Hausarbeit,
  Bachelor- und Masterarbeit

- Ihr eigenes eBook und Buch -
  weltweit in allen wichtigen Shops

- Verdienen Sie an jedem Verkauf

Jetzt bei www.GRIN.com hochladen
und kostenlos publizieren